2008年北京市家庭居室装饰装修行业

家装管理指南

北京市建筑装饰协会　编

中国建筑工业出版社

图书在版编目（CIP）数据

2008年北京市家庭居室装饰装修行业家装管理指南/北京市建筑装饰协会编．—北京：中国建筑工业出版社，2008
ISBN 978-7-112-10451-2

Ⅰ.2… Ⅱ.北… Ⅲ.住宅—室内装修—工程施工—监督管理—北京市—指南 Ⅳ.TU767-62

中国版本图书馆CIP数据核字（2008）第168272号

责任编辑：吴 绫 李东禧
责任设计：赵明霞
责任校对：兰曼利 陈晶晶

2008年北京市家庭居室装饰装修行业
家装管理指南
北京市建筑装饰协会 编

*

中国建筑工业出版社出版、发行（北京西郊百万庄）
各地新华书店、建筑书店经销
北京永峥排版公司制版
世界知识印刷厂印刷

*

开本：850×1168毫米 1/32 印张：$2\frac{7}{8}$ 字数：77千字
2008年11月第一版 2009年4月第二次印刷
定价：**18.00**元
ISBN 978-7-112-10451-2
（17375）

版权所有 翻印必究
如有印装质量问题，可寄本社退换
（邮政编码 100037）

主　　编：贾中池
副 主 编：彭纪俊
委　　员：张世亮　许国忠
参编人员：吕素华　刘淑云

前　言

随着我国经济的快速发展和人民生活水平的提高，住宅装饰装修市场不断扩大。北京市建筑装饰行业历经十五年，在市政府市建委指导下，装饰装修行业更加迅猛地发展。

为了适应市场专业化快速发展的需要，针对不同层次消费者需求加强并改进施工技术，不断创新和开发自主知识产权的新材料、新工艺、新技术、新设备，加快城市化建设步伐，加强行业科技进步基础上的设计、管理、环保、节能、减排、效能等更高层面上的实力竞争，使行业整体水平产生新的飞跃。需要对"五统一"作必要的修改和补充。由过去的"五个统一"增加为"九个统一"，即：统一家庭居室装饰装修合同文本，统一家庭居室装饰装修质量验收标准，统一家庭居室装饰装修参考价，统一保修制度，统一家装投诉解决办法，统一设计师、工长持证上岗，统一集成家居及材料代购管理，统一诚信经营和满意原则，统一全国连锁经营的管理及家装必读。因此市装饰协会成立了《家装管理指南》一书的修改小组，进行专题调查研究，起草各类文件，聘请专家召开专业论证会、审核会并进行小组讨论，提出修改意见，报市建委、市工商局主管部门审核批准。

《家装管理指南》对家装行业的工作具有指导作用，北京市建筑装饰协会倡导全行业认真执行。现将2008年版《家装管理指南》一书正式向社会推出,希望全市的家庭装饰装修行业企业以及广大的消费者贯彻执行。

北京市建筑装饰协会

目 录

前言

北京市建筑装饰协会家装委员会关于向社会推介有关家装
　行业管理制度若干规定的意见……………………………………… 1
《北京市家庭居室装饰工程质量验收标准》介绍 ……………… 3
《北京市家庭居室装饰装修工程参考价格》编制说明 ………… 4
《北京市家庭居室装饰装修设计服务规范及取费参考标准
　（试行初级、中级、高级）》简介 …………………………… 6
北京市家庭居室装饰装修设计服务规范及取费参考标准
　（试行初级、中级、高级）……………………………………… 7
北京市家庭居室装饰装修工程施工合同（2008版）…………… 12
关于发布北京市标准《高级建筑装饰工程质量验收标准》
　《家庭居室装饰工程质量验收标准》的通知 ………………… 29
北京市家庭居室装饰装修工程参考价格 ………………………… 30
北京市家庭居室装饰装修工程质量保修二年制度 ……………… 68
北京市家庭居室装饰装修工程处理投诉管理办法 ……………… 69
统一设计师、工长持证上岗 ……………………………………… 73
统一集成家居及材料代购的管理 ………………………………… 75
统一诚信经营和满意原则 ………………………………………… 76
统一全国连锁经营的管理 ………………………………………… 77
家装必读——家庭居室装饰装修前期准备和施工步骤 ………… 78

北京市建筑装饰协会家装委员会关于向社会推介有关家装行业管理制度若干规定的意见

多年来，北京市建筑装饰协会家装委员会在全行业执行家装"五统一"管理制度（即：统一家庭居室装饰装修合同文本，统一家庭居室装饰装修质量验收标准，统一家庭居室装饰装修参考价，统一保修制度，统一家装投诉解决办法）以来，对规范家庭装饰装修市场起到了积极作用。但随着中国经济的迅猛发展，为了适应消费者的需求，满足不同层次的消费者的需要，加快城市化建设的步伐，适应新材料、新工艺、新技术、新设备的不断创新和发展，加快行业科技进步，增强设计、管理、环保、效能等更高层面上的实力竞争，使行业整体水平产生新的飞跃，亟需对"五统一"管理制度作必要的修改和补充。为此，北京市建筑装饰协会专门成立了以家装委员会秘书长张世亮为组长，协会总工彭纪俊为副组长的北京市家装行业"五统一"管理制度修改小组，并开展专题调查，起草各类文件。同时，多次组织召开专业论证会、审核会、讨论会，提供可行的修改方案，得到行业骨干企业的认同。现已将2008年版《北京市家庭居室装饰工程质量验收标准》、《北京市家庭居室装饰装修工程施工合同》报市建委、市工商局主管部门审核批准；将2008年版《北京市家庭居室装饰装修工程参考价》、《北京市家庭居室装饰装修工程质量保修二年制度》、《北京市建筑装饰协会投诉管理办法》报北京市建筑装饰协会有关部门审核批准。

新版的《2008年北京市家庭居室装饰装修行业家装管理指

南》较原北京家装行业"五统一"管理制度要求更高了、更严了。一经向社会推出,将以更高的标准在行业的发展中发挥积极的作用,进一步规范北京市装饰装修市场,维护消费者和经营者的合法权益。希望全市的家居装修行业企业以及广大的家装消费者,在贯彻执行《2008年北京市家庭居室装饰装修行业管理指南》的同时发挥监督作用。

北京市建筑装饰协会家装委员会
2008年7月10日

《北京市家庭居室装饰工程质量验收标准》介绍

根据北京市建设委员会（京建科教[2002]371号）《关于开展全面修订北京市工程建设标准工作的通知》要求，北京市建筑装饰协会组织有关单位成立修订小组，对《北京市家庭居室装饰工程质量验收标准》（DBJ/T 01—43—2000）进行了修订。

修订小组在修订标准过程中进行了广泛地调查研究，结合近几年各级建设行政管理部门颁发的有关法规、规范、办法的规定，按照充实标准内容，加大量化指标，强化专业验收，便于检验的原则，进行了修改，最后经北京市建委审查定稿。本标准在修订过程中参照了中华人民共和国住房和城乡建设部颁发的《建筑装饰装修工程质量验收规范》（GB 50210—2001）、《住宅装饰装修施工规范》（GB 50327—2001）和《民用建筑工程室内环境污染控制规范》（GB 50325—2001）以及中华人民共和国住房和城乡建设部《关于加强建设工程室内环境质量管理若干意见》和《住宅室内装饰装修管理办法》的精神，作到本标准与国家规范的协调一致。为了不断改进提高本标准质量，请各单位在执行本标准的过程中注意总结经验，积累资料，随时将有关意见反馈给北京市建筑装饰协会，以供今后修订时进行参考。

注：如需索取全文，请到北京市建筑装饰协会购买。

《北京市家庭居室装饰装修工程参考价格》编制说明

2003年版的《北京市家庭居室装饰装修工程参考价格》至今已实施五年。五年来，装饰装修市场发生了巨大的变化。无论从装修的设计风格，施工工艺、技术的变革，材料的更新换代，以及市场人工费的调整等诸多因素，2003年版的"五统一"中的参考价格已远远跟不上市场变化。因此，为了满足广大客户的需求，稳定北京市家居装饰装修市场的价格，北京市建筑装饰协会家装委员会在进行了细致的市场调研后，组织行业有关专家对参考价格进行重新编写。在经过资深专家论证并得到骨干企业的认同后，现将《北京市家庭居室装饰装修工程参考价格》提供百姓参考。

执行本参考价时应注意的内容：

1. 本参考价是在宏观调控的前提下，经过对市场材料行情的调研，参照2001年《北京市建设工程预算定额》中的定额量、按照市场价，以新材料、新工艺、新技术进行编制的，并经专家审核定稿。

2. 本参考价旨为在市场经济运行中提供消费者明明白白消费的参考值，该价格不作为指定装饰公司的指令性价格。

3. 本参考价中所列项目仅为家装工程中常用的、有共性的项目，其个性化的装修设计工程内容较为复杂，其参考价的内容无法一一涵盖。

4. 本参考价内容包括：地面工程，顶棚工程，隔墙及贴砖工程，涂饰工程，门窗、细木制品工程，电路工程，水路工程，拆除及其他项目工程，共八章（82个子目）。

5. 本参考价的编制中，分为普通装饰和高级装饰两种。其普通装饰和高级装饰参考价格，将分别按 DBJ/T 01—43—2003《家庭居室装饰工程质量验收标准》和 DBJ/T 01—27—2003《高级建筑装饰工程质量验收标准》两个标准验收工程。

注：执行《高级建筑装饰工程质量验收标准》（以下简称高标）的工程，应具备以下条件：

（1）普通、高级参考价格主要区分于验收标准不同。

（2）执行高标的工程，要与装饰公司在装修合同中进行明确约定，注明执行高标，并经双方确认预算报价后，方可按高标验收工程。施工工艺应按照《高级建筑装饰工程质量验收标准》进行施工，并达到验收要求。

（3）装修工程的单方造价应达到 2000 元/m^2 以上。

（4）高科技复合型材料及多功能、智能化、人性化的新型材料已是市场发展趋势，这些材料、设备，目前还无法编制指导性价格，如有发生，甲乙双方协商定价。

6. 本参考价格中，综合了装修管理费和税金，人工费，材料费，利润等费用。因此，管理费和税金两项费用不再另行收费。

7. 本参考价中人工工日不分工种，各技术等级一律以综合工日表示。

8. 本参考价中所使用的装饰材料均按环保材料考虑。

9. 工程量计算规则，在参考价格的工程量和造价计算规则一栏中有明确说明。遇有缺项时可参考 2001 年《北京市建设工程预算定额》配套使用。

10. 由于编印时间仓促以及市场变化，甲、乙双方在签订合同时要根据各自不同的实际情况协商定价。

2008 年 8 月

《北京市家庭居室装饰装修设计服务规范及取费参考标准（试行初级、中级、高级）》简介

　　为促进统一认识，规范家装工程设计服务标准，增强设计人员的责任感，提高设计人员的专业水平，在结合我市家装工程设计的具体情况及参照国家规定的建筑设计制图与取费标准后，特制定《北京市家庭居室装饰装修设计服务规范及取费参考标准》。《北京市家庭居室装饰装修设计服务及取费参考标准（试行初级、中级、高级）》由北京市建筑装饰协会家装委员会于2006年10月18日发布。此标准经行业理事扩大会审议后，于2007年1月1日起实施，在行业内实行设计师持证上岗制度，执行《北京市家庭居室装饰装修设计服务规范及取费参考标准（试行初级、中级、高级）》。该标准明确了设计规范要求、设计师责任、方案图设计要求、施工图设计要求、设计费取费标准、设计师岗位资格等内容。

北京市家庭居室装饰装修设计服务规范及取费参考标准
（试行初级、中级、高级）

一、前言

家装工程设计长期存在设计师水平参差不齐、设计制图与标准不符、工程图不全等问题。为促进统一认识，规范家装工程设计服务标准，增强设计人员的责任感，提高设计人员的专业水平，在结合我市家装工程设计的具体情况及参照国家规定的建筑设计制图与取费标准后，特制定《北京市家庭居室装饰装修设计服务规范及取费参考标准》。此标准经行业理事扩大会审议后，于2007年1月1日起实施，在行业内实行设计师持证上岗制度，执行《北京市家庭居室装饰装修设计服务规范及取费参考标准（试行初级、中级、高级）》。

设计规范要求：

（1）设计图纸应符合《北京市建筑装饰装修工程设计制图标准》（DBJ 01—613—2002）；

（2）进行家装设计必须保证建筑物的结构安全；

（3）进行家装设计要满足《民用建筑工程室内环境污染控制规范》（GB 50325）的要求，选材应符合《室内装饰装修材料有害物质限量》（GB 18508—10588）的标准；

（4）家装设计内容：应包括室内顶面、墙面、柱面、地面、非承重分隔墙面的装饰设计，家具、灯具、帷帘、织物、陈设、绿化园艺布置、室内各种饰物造型的设计。

二、设计师责任

家装设计师对所承接的家装工程设计负责，其职责是：取得委托设计的依据，方案设计前的资料准备工作，方案设计，施工图纸设计，技术交底和答疑，设计变更，处理在施工过程中出现的有关图纸内容中一切技术性问题并参加竣工验收。

1. 设计说明书：根据业主的委托进行家装工程设计构思及设计内容和图面表示而选用的材料所作的工程预算。工程预算（或合同工程造价）要根据北京市建委于2001年颁发的《北京市建设工程预算定额》装饰工程分册，参考北京市建筑装饰协会编制的《家装工程预算参考价》，结合市场的人工工资材料价格的实际情况进行编制。在工程报价单中每项工程子目都要附有用料和工艺说明，同时附工程材料使用一览表。

2. 图纸范围依据实测图纸按一定比例进行设计。

三、方案图设计要求

1. 平面布置图：注明图内设计的各种物件与建筑之间的尺寸，物件自身的尺寸。所注尺寸之和应与总图纸尺寸相符。

2. 顶棚平面图：注明顶棚内灯具位置布置尺寸，顶棚变化部位尺寸。

3. 主要剖面图：要按建筑标高绘制装修剖面图，注明所剖部分尺寸，尺寸总和与整体建筑标高相符。

4. 主要立面图：图中注明所设计内容、形式的主要尺寸。

5. 主要部位效果图。

6. 家装工程设计方案：附室内空气污染控制达标预评价计算书。

7. 提供材料样品：

（1）依据方案及效果图的设计，主要装饰材料应附样品或彩色照片，注明规格、型号、材质等；

（2）电气设备及灯具选用应有样本及规格、型号和质量说明；

（3）纺织品：各种室内设计选用的帘、罩、巾类纺织品材料，样品要注明使用范围、规格、花色质量和阻燃等级；

（4）选用的厨房设备、卫生洁具要注明生产厂家、产品说明书和型号、规格、色彩；

（5）图纸及材料装订：方案图、效果图及材料样品、产品说明书等用统一规格的纸板装订成册。装订封面要详细标注：工程名称、设计单位名称、单位负责人、项目设计师、日期。

四、施工图设计要求

依据方案图的平、立、剖面图和结构、水、暖、电专业图纸及配线要求、有关技术资料详细绘制施工图。施工图阶段的设计要求如下。

1. 平面图：注明地面使用的材料，材料的尺寸、做法、索引详图必须准确；注明地面上不动和可动物件与地面的关系，做法、索引详图必须准确。

2. 顶棚图：

（1）顶棚布置形式、龙骨排列图、表面装饰材料的使用、详图索引必须明确；

（2）灯具的布置和使用要按照电气图设计，注明灯具位置尺寸，灯具名称、规格及详图做法；

（3）装饰物件的悬挂位置：注明悬挂物件与建筑结构的关系、做法及节点详图。

3. 剖面图：

（1）标明室内建筑标高，注明所剖部位吊顶高度，灯具灯槽悬挂物的高度尺寸；

（2）所剖部位材料做法、节点详图。

4. 立面图：注明立面图上设计物件与地面或顶棚的尺寸和物体自身的尺寸。

5. 水、暖、电专业图纸的设计符合专业设计规范的要求，竣工后要绘制竣工图。

6. 门窗：注明门窗的种类、开启方向、规格、表面色彩、五金件名称、安装节点详图。

7. 设计制作室内家具：

（1）设计尺寸符合人体工程学的要求，符合国家颁发的有关家具设计规范；

（2）设计制作的家具要有平、立、剖面及节点详图；

（3）注明使用材料名称、色彩及做法要求。

8. 卫生间：

（1）卫生洁具的布置：注明尺寸、颜色、型号及安装做法和节点详图；

（2）注明防水材料和做法；

（3）注明排气口材料和做法；

（4）注明墙面、地面材料的分格尺寸和做法；

（5）注明镜面、五金件、电气设备的位置、尺寸及节点详图做法。

9. 防火：

（1）室内装饰设计必须遵守有关建筑防火规范，对防火设施及设备的装饰必须首先满足使用方便、开启顺利的要求；

（2）装饰材料应使用耐燃或不燃材质，木制品必须涂刷防火涂料；

（3）电气设计必须注意防火，顶棚及物件内的电气配件注明防火的外护材料。

10. 室内环保设计：

（1）必须满足中华人民共和国住房和城乡建设部颁发的《民用建筑工程室内环境污染控制规范》的要求；

（2）家装设计必须对室内环境污染物含量进行预评价，并做出预评价计算书，评价达标后方可进行施工；

（3）装饰装修设计选材：要求材料必须符合国家质检总局颁布的室内装饰装修材料挥发有害物质限量强制性的国家标准。

五、设计费取费标准

1. 凡持有北京市人事局颁发的建筑装饰设计等级职称证书和北京市建筑装饰协会颁发的设计师从业资格等级证书的设计人员，对家装工程进行设计可收取设计费。

2. 设计费按居室装饰工程的套内面积和设计师从业资格等级的高低进行计取。

设计费标准为初级职称 20～40 元/m^2；中级职称 40～60 元/m^2；高级职称 60～80 元/m^2。在此范围内由设计单位自行掌握（如遇到技术含量过高或有特殊要求的设计，其设计费由企业根据具体内容进行调剂）。

六、设计师岗位资格

为了规范家庭居室装修装饰设计人员队伍，充分发挥家装设计人员的积极性，提高家装设计人员的专业水平，促进家装设计水平的提高，在全行业实行设计师持证上岗制度。具有岗位资格的设计师应在《北京家庭居室装饰装修设计服务规范及取费标准（试行初级、中级、高级）》的要求下进行从业。

北京市建筑装饰协会
家装委员会

BF—2008—0203

北京市家庭居室装饰装修工程施工合同

(2008 版)

发包方（甲方）：_____
承包方（乙方）：_____
合 同 编 号：_____

北京市工商行政管理局监制
二〇〇八年十月修订

使用说明

1. 本市行政区域内的家庭居室装饰装修工程适用此合同文本。此版合同文本适用期至新版合同文本发布时止。

2. 工程承包方（乙方），应当具备工商行政管理部门核发的营业执照，和建设行政主管部门核发的建筑业企业资质证书。

3. 甲、乙双方当事人直接签订此合同的，应当一式两份，合同双方各执一份；凡在本市各市场内签订此合同的，应当一式三份（甲、乙双方及市场主办单位各执一份）。

4. 开工：双方通过设计方案、首期工程款到位、工程技术交底等前期工作完成后，材料、施工人员到达施工现场开始运作视为开工。

5. 竣工：合同约定的工程内容（含室内空气质量检测）全部完成，经承包方、监理单位、发包方验收合格视为竣工。

6. 验收合格：承包方、监理单位、发包方在《工程竣工验收单》上签字盖章或虽未办理验收手续但发包方已入住使用的，均视为验收合格。

7. 工期顺延：是指非因乙方的责任导致工程进度受到影响后，工程期限予以相应延展。在工期顺延的情况下，乙方不承担违约责任。

8. 甲方需调查乙方施工资质或企业投诉情况的，可向北京市建筑装饰协会家装委员会咨询，电话：63379795，北京市建筑装饰协会家装委员会网站：http://www.bcda.org.cn。

9. 甲方有预先对环保评估要求的，可登录全球消费网，上传户型图、用料清单。申请免费评估，网址：www.XiaoFeicn.com。

10. 甲方可在北京市建筑装饰协会家装委员会网站上申请施工期间免费质量检查一次。

11. 施工中,甲、乙双方的任意一方均可向北京市建筑装饰协会家装委员会咨询,申请调节、质量检查、环保检测、法律服务等。

北京市家庭居室装饰装修工程
施工合同协议条款

发包方（以下简称甲方）：_____

委托代理人（姓名：）_____ 民族：_____

现住址：_____ 身份证号：_____

联系电话：_____ 手机号：_____

承包方（以下简称乙方）：_____

营业执照号：_____

住所：_____

法定代表人：_____ 联系电话：_____

委托代理人：_____ 联系电话：_____

建筑资质等级证书号：_____

本工程设计人：_____ 联系电话：_____

施工队负责人：_____ 联系电话：_____

依照《中华人民共和国合同法》及其他有关法津、法规的规定，结合本市家庭居室装饰装修的特点，甲、乙双方在平等、自愿、协商一致的基础上，就乙方承包甲方的家庭居室装饰装修工程（以下简称工程）的有关事宜，达成如下协议：

第一条　工程概况

1.1　工程地点：_____。

1.2　工程装饰装修面积：_____。

1.3　工程户型：_____。

1.4　工程内容及做法（见报价单和图纸）。

1.5　工程承包，采取下列第_____种方式：

（1）乙方包工、包全部材料（见附表三）；

（2）乙方包工、包部分材料，甲方提供其余部分材料（见附表二、附表三）。

1.6 工程期限_____日（以实际工作日计算）；

开工日期_____年___月___日；竣工日期_____年___月___日。

1.7 工程款和报价单：

（1）工程款：本合同工程造价为（人民币）_____。

金额大写：_____。

（2）报价单应当以《北京市家庭装饰工程参考价格》为参考依据，根据市场经济运作规则，本着优质优价的原则由双方约定，作为本合同的附件。

（3）报价单应当与材料质量标准、制安工艺配套编制共同作为确定工程价款的根据。

第二条 工程监理

若本工程实行工程监理，甲方应当与具有经建设行政主管部门核批的工程监理公司另行签订《工程监理合同》，并将监理工程师的姓名、单位、联系方式及监理工程师的职责等通知乙方。

第三条 施工图纸和室内环境污染控制预评价计算书

3.1 施工图纸采取下列第_____种方式提供：

（1）甲方自行设计的，需提供施工图纸和室内环境污染控制预评价计算书一式三份，甲方执一份，乙方执二份。

（2）甲方委托乙方设计的，乙方需提供施工图纸和室内环境污染控制预评价计算书一式三份，甲方执一份，乙方执二份。

3.2 双方提供的施工图纸和室内环境污染控制预评价计算书必须符合《民用建筑工程室内环境污染控制规范》（GB 50325）的要求。

3.3 双方应当对施工图纸和室内环境污染控制预评价计算书予以签收确认。

3.4 双方不得将对方提供的施工图纸、设计方案等资料擅自复制或转让给第三方，也不得用于本合同以外的项目。

第四条 甲方工作

4.1 开工三日前要为乙方入场施工创造条件，以不影响施工为原则。

4.2 无偿提供施工期间的水源、电源和冬季供暖。

4.3 负责办理物业管理部门开工手续和应当由业主支付的有关费用。

4.4 遵守物业管理部门的各项规章制度。

4.5 负责协调乙方施工人员与邻里之间的关系。

4.6 不得有下列行为：

（1）随意改动房屋主体和承重结构。

（2）在外墙上开门窗或扩大原有门窗尺寸，拆除连接阳台门窗的墙体。

（3）在楼面铺贴厚一厘米以上石材或砌筑墙体，增加楼面荷载。

（4）破坏厨房、厕所地面防水层和拆改热、暖、燃气等管道设施。

（5）强令乙方违章作业施工的其他行为。

4.7 凡必须涉及4.6款所列内容的，甲方应当向房屋管理部门提出申请，由原设计单位或者具有相应资质等级的设计单位对改动方案的安全使用性进行审定并出具书面证明，再由房屋管理部门批准。

4.8 施工期间甲方仍需部分使用该居室的，甲方应当负责配合乙方做好保卫及消防工作。

4.9 参与工程质量进度的监督，参加工程材料验收、隐蔽工程验收、竣工验收。

第五条 乙方工作

5.1 施工中严格执行施工规范、质量标准、安全操作规程、防火规定，安全、保质、按期完成合同约定的工程内容。

5.2 严格执行市建设行政主管部门施工现场管理规定：

（1）无房屋管理部门审批手续和设计变更图纸，不得拆改建筑主体和承重结构，不得加大楼地面荷载，不得改动室内原有热、暖、燃气等管道设施。水电暖管线改造时，不得破坏建筑主体和承重结构。

（2）不得扰民及污染环境，每日十二时至十四时、十八时至次日八时之间不得从事敲、凿、刨、钻等产生噪声的装饰装修活动。

（3）因进行装饰装修施工造成相邻居民住房的管道堵塞、渗漏、停水、停电等，由乙方承担修理和损失赔偿的责任。

（4）负责工程成品、设备和居室留存家具陈设的保护。

（5）保证居室内上、下水管道畅通和卫生间的清洁。

（6）保证施工现场的整洁，每日完工后清扫施工现场。

5.3 通过告知网址、统一公示等方式为甲方提供本合同签订及履行过程中涉及的各种标准、规范、计算书、参考价格等书面资料的查阅条件。

5.4 甲方为少数民族的，乙方在施工过程中应当尊重其民族风俗习惯。

第六条 工程变更

在施工期间对合同约定的工程内容如需变更，双方应当协商一致。由合同双方共同签订书面变更协议，同时调整相关工程费及工期。工程变更协议，作为竣工结算和顺延工期的根据。

在施工期间对增项部分非甲方意愿的增项不允许超出本合同额的10%。施工期间经甲乙双方协商增项部分金额应纳入本合同工程造价总额，并按合同的约定付款比例执行。

第七条 材料供应

7.1 按由乙方编制的本合同家装《工程材料、设备明细表》所约定的供料方式和内容进行提供。

（1）应当由甲方提供的材料、设备，甲方在材料设备到施工现场前通知乙方。双方就材料、设备质量、环保标准共同验收并办理交接手续。

（2）应当由乙方提供的材料、设备，乙方在材料、设备到施工现场前通知甲方。双方就材料、设备质量、环保标准共同验收，由甲方确认备案。

（3）双方所提供的建筑装饰装修材料，必须符合国家质量监督检验检疫总局发布的《室内装饰装修有害物质限量标准》，并具有由有关行政主管部门认可的专业检测机构出具的检测合格报告。

（4）如一方对对方提供的材料持有异议需要进行复检的，检测费用由其先行垫付；材料经检测确实不合格的，检测费用则最终由对方承担。

（5）甲方所提供的材料、设备经乙方验收、确认办理完交接手续后，在施工使用中的保管和质量控制责任均由乙方承担。

第八条 工期延误

8.1 对以下原因造成竣工的日期延误，经甲方确认，工期应当顺延：

（1）工程量变化或设计变更。

（2）不可抗力。

（3）甲方同意工期顺延的其他情况。

8.2 对以下原因造成竣工的日期延误，工期应当顺延：

（1）甲方未按合同约定完成其应当负责的工作而影响工期的。

（2）甲方未按合同约定支付工程款影响正常施工的。

（3）因甲方责任造成工期延误的其他情况。

8.3 因乙方责任不能按期完工的，工期不顺延；因乙方原因造成工程质量存在问题的返工费用由乙方承担，工期不顺延。

8.4 判断造成工期延误以"双方认定的文字协议"为确定

双方责任的依据。

第九条 质量标准

9.1 装修室内环境污染控制方面,应当严格按照《民用建筑工程室内环境污染控制规范》(GB 50325)的标准执行。

9.2 本工程施工质量按下列第_____项标准执行:

(1)《北京市家庭居室装饰工程质量验收标准》(DBJ/T 01—43)。

(2)《北京市高级建筑装饰工程质量验收标准》(DBJ/T 01—27)。

9.3 在竣工验收时双方对工程质量、室内空气质量发生争议时,应当申请由相关行政主管部门认可的专业检测机构予以认证;认证过程支出的相关费用由申请方垫付,并最终由责任方承担。

第十条 工程验收

10.1 在施工过程中分下列阶段对工程质量进行联合验收:

(1)材料验收。

(2)隐蔽工程验收。

(3)竣工验收。

10.2 工程完工后,乙方应通知甲方验收,甲方自接到竣工验收通知单后三日内组织验收。验收合格后,双方办理移交手续,结清尾款,签署保修单,乙方应向甲方提交其施工部分的水电改造图。

10.3 双方进行竣工验收前,乙方负责保护工程成品和工程现场的全部安全。

10.4 双方未办理验收手续,甲方不得入住,如甲方擅自入住视同验收合格,由此而造成的损失由甲方承担。

10.5 竣工验收在工程质量、室内空气质量及经济方面存在个别的不涉及较大问题时,经双方协商一致签订"解决竣工验收遗留问题协议"(作为竣工验收单附件)后亦可先行入住。

10.6 本工程自验收合格双方签字之日起,在正常使用条件下室内装饰装修工程保修期限为二年,有防水要求的厨房、卫生间防渗漏工程保修期限为五年。

第十一条 工程款支付方式

11.1 合同签字生效后,甲方按下列几种方式的约定向乙方支付工程款:

11.1.1 甲方按下表的约定向乙方支付:

支付次数	支付时间	工程款支付比率	应支付金额
第一次	开工三日前	55%	
第二次	工程进度过半	40%	
第三次	竣工验收合格	5%	

11.1.2 按照工程总造价的3.3.3.1的支付方式,即:工程开工支付30%,中期验收合格支付30%,具备初验条件支付30%,竣工验收合格支付10%,_____。

11.1.3 本着平等、自愿、公平、公正的原则,经双方协商一致的其他支付方式,_____。

11.2 工程进度过半指工程中水、电、管线全部铺设完成,墙面、顶面、基层工程处理完成,墙地砖工程铺装完成。

11.3 工程验收合格后,甲方对乙方提交的工程结算单进行审核。自提交之日起二日内如未有异议,即视为甲方同意支付乙方工程尾款。

11.4 工程款全部结清后,乙方向甲方开具正式统一发票为工程款结算凭证。

第十二条 违约责任

12.1 一方当事人未按约定履行合同义务给对方造成损失的,应当承担赔偿责任;因违反有关法律规定受到处罚的,最终责任由责任方承担。

12.2 一方当事人无法继续履行合同的，应当及时通知另一方，并由责任方承担因合同解除而造成的损失。

12.3 甲方无正当理由未按合同约定期限支付第二、三次工程款，每延误一日，应当向乙方支付迟延部分工程款2‰的违约金。

12.4 由于乙方责任延误工期的，每延误一日，乙方支付给甲方本合同工程造价金额2‰的违约金。

12.5 由于乙方责任导致工程质量和室内空气质量不合格，乙方按下列约定进行返工修理、综合治理和赔付：

（1）对工程质量不合格的部位，乙方必须进行彻底返工修理。因返工造成工程的延期交付视同工程延误，按12.4的标准支付违约金。

（2）对室内空气质量不合格，乙方必须进行综合治理。因治理造成工程的延期交付视同工程延误，按12.4的标准支付违约金。

（3）室内空气质量经治理仍不达标且确属乙方责任的，乙方应当向甲方返还工程款在扣除乙方提供的与不达标无关的材料的成本价后的剩余部分；甲方对不达标也负有责任的，乙方可相应减少返还比例。

第十三条 争议解决方式

本合同项下发生的争议，双方应当协商或向市场主办单位、北京市建筑装饰协会消费者协会等申请调解解决，协商或调解解决不成时，向＿＿＿＿＿＿人民法院起诉，或按照另行达成的仲裁条款或仲裁协议申请仲裁。

第十四条 附则

14.1 本合同经甲乙双方签字（盖章）后生效。

14.2 本合同签订后工程不得转包。

14.3 双方可以书面形式对本合同进行变更或补充，但变更或补充减轻或免除本合同规定应当由乙方承担的责任的，仍应以本合同为准。

14.4 因不可归责于双方的原因影响了合同履行或造成损失的,双方应当本着公平原则协商解决。
14.5 乙方撤离市场的,由市场主办单位先行承担赔偿责任;主办单位承担责任之后,有权向乙方追偿。
14.6 本合同履行完毕后自动终止。
第十五条 其他约定事项_____
_____
_____。

甲方(签字):　　　　　　乙方(盖章):

　　　　　　　　　　　　法定代表人:

　　　　　　　　　　　　委托代理人:

　　　年　月　日　　　　　　　年　月　日

市场主办单位(盖章):
法定代表人:
委托代理人:
联系电话:

　　　年　月　日

附表一

工程报价单

序号	项目	单位	单价	数量	合计金额	工艺做法、用料说明

甲方代表（签字盖章）： 乙方代表（签字盖章）：

备注：此表用量较多企业可复印作为合同附件。

附表二

甲方供给工程材料、设备明细表

序号	材料名称	单位	品种	规格	数量	供应时间	供应验收地点

甲方代表（签字盖章）：　　　　　乙方代表（签字盖章）：

备注：所供给的材料、设备须有经行政管理部门批准的专业检验单位提供的检测合格报告。

附表三

乙方供给工程材料、设备明细表

序号	材料名称	单位	品种	规格	数量	供应时间	供应验收地点

甲方代表（签字盖章）： 　　　　　　　乙方代表（签字盖章）：

备注：所供给的材料、设备须有经行政管理部门批准的专业检验单位提供的检测合格报告。

附表四

工程竣工验收单

验收时间： 年 月 日

工程名称：

工程地点：

竣工验收意见	甲方		签字（盖章）：
	监理单位		签字（盖章）：
	乙方		签字（盖章）：

备注：竣工验收中，尚有不影响整体工程质量问题，经双方协商一致可以入住，但必须签订竣工后遗留问题协议作为入住后解决遗留问题的依据。

附表五

家装工程保修单

甲　　方			
甲方代理人		联系电话	
乙　　方			
法定代表人		联系电话	
家装工程地址			
开工日期		竣工日期	
保修期限	自　　年　　月　　日到　　年　　月　　日		

甲方代表（签字盖章）：　　　　　　乙方代表（签字盖章）：

备注：
1. 自竣工验收之日起，计算装饰装修保修期为两年，有防水要求的厨房、卫生间防渗漏工程保修期为五年；
2. 保修期内因乙方施工、用料不当的原因造成的装饰装修质量问题，乙方须及时无条件进行维修；
3. 保修期内因甲方使用、维护不当造成饰面损坏或不能正常使用，乙方酌情收费维修；
4. 本保修单在甲、乙双方签字盖章后生效。

关于发布北京市标准《高级建筑装饰工程质量验收标准》《家庭居室装饰工程质量验收标准》的通知

京建科教〔2003〕400号

各区、县建委，各局、总公司，各有关单位：

根据北京市建委京建科教〔2002〕371号文件的要求，由北京市建筑装饰协会修编的《高级建筑装饰工程质量验收标准》及《家庭居室装饰工程质量验收标准》两项标准已经有关部门审查通过。现批准该两项标准为北京市推荐性标准，编号分别为DBJ/T 01—27—2003、DBJ/T 01—43—2003，自2003年10月1日起执行。原《高级建筑装饰工程质量检验评定标准》（DBJ/T 01—27—96）、《家庭居室装饰工程质量验收标准》（DBJ/T 01—43—2000）同时废止。

该标准由北京市建设委员会负责管理，北京市建筑装饰协会负责解释工作，北京城建科技促进会负责组织印刷、出版工作。

特此通知。

北京市建设委员会
2003年8月4日

北京市家庭居室装饰装修工程参考价格

其具体内容见表1。

第一章 地 面 工 程

表1

编号	项目	工艺标准	单价（元）	单位	工程量和造价计算规则	工艺做法
1-1	地板铺装（木龙骨衬底）	普通	160.50	m²	1. 工程量按图示尺寸以m²计算。 2. 参考价内含木龙骨刷三防涂料。 *如使用高档或甲方指定材料时，价格另议	1. 约30mm×40mm规格的木龙骨，净面后刷三防涂料（防腐、防火、防虫蛀）。 2. 木龙骨衬底铺装实木地板（榫接或地板专用钉固定），地板与墙面保留10mm伸缩缝。 3. 实木地板及另行放置防潮、防虫剂由甲方提供
		高级	215.00	m²		

续表

编号	项目	工艺标准	单价(元)	单位	工程量和造价计算规则	工艺做法
1-2	地板铺装（复合木地板）	普通	33.00	m²	工程量按图示尺寸以 m² 计算。*如使用高档或甲方指定材料时，价格另议	1. 甲方提供复合地板及防潮垫。2. 在防潮垫上铺装复合地板与墙面保留10mm伸缩缝
		高级	46.00	m²		
1-3	木地台	普通	189.00	m²	1. 工程量按铺装的面积计算。2. 地台上面层做法另计。*如使用高档或甲方指定材料时，价格另议	1. 30mm×35mm规格的木方做木龙骨架，龙骨刷三防涂料，上铺大芯板。2. 高度≤200mm
		高级	265.00	m²		
1-4	地面水泥砂浆找平层	普通	36.00	m²	1. 工程量按房间净面积以 m² 计算。2. 如找平层厚度超过30mm时，每增加10mm，增加10元/m²。如超过50mm时，需先做垫层，再做找平以保证质量，但垫层价格另计	1. 原地面清扫刷浆处理，水泥砂浆找平、抹平、压实。2. 找平厚度应≤30mm。3. 水泥抹光地面需先进行凿毛处理，凿毛价格另计
		高级	49.50	m²		

续表

编号	项目	工艺标准	单价（元）	单位	工程量和造价计算规则	工艺做法
1-5	地面铺地砖	普通	55.00	m²	1. 工程量按图示尺寸以 m² 计算。 2. 如采用专用勾缝剂时，由甲方提供。 3. 斜铺、圈边用高档材料或规格差异时，价格另议。	1. 清扫原地面，进行凿毛处理（不包括特殊基层处理）。 2. 水泥砂浆基底，32.5 普通硅酸盐水泥、中砂，用白水泥嵌缝。 3. 甲方提供地砖 200mm×200mm，其中任意一边 ≤600mm
		高级	76.00	m²		
1-6	地面铺石材	普通	85.00	m²	1. 工程量按图示尺寸以 m² 计算。 2. 白水泥擦缝，如采用专用勾缝剂时，由甲方提供。 3. 斜铺、圈边用高档材料或规格差异时，价格另议。	1. 清扫原地面，进行凿毛处理（不包括特殊基层处理）。 2. 水泥砂浆基底，32.5 普通硅酸盐水泥（浅色理石用白水泥）、中砂，石材背面挂胶抹水泥素浆粘贴。 3. 甲方提供石材，规格 ≤600mm×600mm
		高级	127.50	m²		

续表

编号	项目	工艺标准	单价(元)	单位	工程量和造价计算规则	工艺做法
1-7	拼花理石铺装	普通	170.00	组	1. 工程量按实铺面积以 m^2 计算。 2. 如采用专用勾缝剂时,价格另计。 *如使用高档材料或有特殊处理时,价格另议	1. 甲方提供加工成型的拼花大理石,每组面积在 $1.2m^2$ 以内(不包括特殊基层处理)。 2. 清扫原地面,进行凿毛处理。 3. 刷界面剂,水泥砂浆垫底(32.5普通硅酸盐水泥、中砂),石材背面挂胶抹水泥浆粘贴(浅色理石用白水泥)
		高级	250.00	组		
1-8	阳台轻质垫层	普通	125.00	m^2	工程量按实铺设的面积计算	1. 铺垫加气混凝土碎块,高度不大于150mm。 2. 加气混凝土碎块上铺填水泥砂浆找平。 3. 如按设计要求铺设面层,价格另计。
		高级	170.00	m^2		
1-9	铺嵌卵石	普通	125.00	m^2	1. 工程量按实际铺贴的面积计算。 2. 如铺拼艺术图案或甲方另有要求时,价格另议	1. 清扫原地面,进行凿毛处理(不包括特殊基层处理)。 2. 刷界面剂,水泥砂浆基底(32.5普通硅酸盐水泥、中砂)。 3. 排铺简单图案,甲方提供卵石。 4. 卵石上刷清漆
		高级	180.00	m^2		

续表

编号	项目	工艺标准	单价（元）	单位	工程量和造价计算规则	工艺做法
1-10	贴瓷砖踢脚线（清工、辅料）	普通	25.50	m	1. 工程量按房间周长延长米计算。 2. 如采用专用勾缝剂时，由甲方提供（或每米增2.50元）。 *如使用高档材料或有特殊处理时，价格另议	1. 不含主材，含辅料。 2. 含基层处理（凿毛），不含原踢脚拆除。 3. 水泥砂浆粘贴踢脚线
		高级	38.00	m		
1-11	贴石材踢脚线（清工、辅料）	普通	36.50	m	1. 工程量按房间周长延长米计算。 2. 如采用专用勾缝剂时，由甲方提供（或每米增3.00元）。 *如使用高档材料或有特殊处理时，价格另议	1. 不含主材，含辅料。 2. 含基层处理（凿毛），不含原踢脚拆除。 3. 水泥砂浆粘贴踢脚线
		高级	50.00	m		

续表

编号	项目	工艺标准	单价（元）	单位	工程量和造价计算规则	工艺做法
1-12	实木踢脚线安装（清工、辅料）	普通	43.00	m	1. 工程量按房间周长以延长米计算。 2. 如踢脚线为素板，油漆价格另计。 *如使用高档材料或有特殊处理时，价格另议	1. 基层清理（不含原踢脚拆除）。 2. 甲方提供油漆实木踢脚线，线高≤80mm。 3. 墙面打孔下木塞（点抹胶），装钉实木踢脚线
		高级	58.00	m		
1-13	地板龙骨刷三防涂料	普通	50.00	m²	1. 工程量按面积计算（同地板面积）。 2. 施工前应对此项内容进行明确约定	地板龙骨及大芯板（单面）均刷三防涂料
		高级	66.50	m²		

第二章 顶棚工程

其具体内容见表2。

表2

编号	项目	工艺标准	单价(元)	单位	工程量和造价计算规则	工艺做法
2-1	木龙骨石膏板吊顶(平顶)	普通	145.50	m²	1. 工程量按房间净面积以m²计算。 2. 含木龙骨刷三防涂料。 3. 层高超过2.70m时,价格调增	1. 木龙骨骨架,刷三防涂料。龙骨用膨胀螺栓固定,栓距≤600mm。 2. 石膏板为9mm龙牌纸面石膏板,用蘸有清漆或乳蜡的自攻钉固定,钉帽点刷防锈漆。 3. 石膏板接缝处填嵌缝石膏贴绷带
		高级	195.00	m²		
2-2	轻钢龙骨石膏板吊顶(平顶)	普通	160.50	m²	1. 工程量按房间净面积以m²计算。 2. 层高超过2.70m时,价格调增	1. 轻钢龙骨吊件吊平顶,膨胀螺栓固定,栓距≤600mm。 2. 石膏板为9mm龙牌纸面石膏板,用蘸有清漆或乳蜡的自攻钉固定,钉帽点刷防锈漆。 3. 石膏板接缝处嵌缝石膏,贴绷带
		高级	208.00	m²		

续表

编号	项目	工艺标准	单价（元）	单位	工程量和造价计算规则	工艺做法
2-3	木龙骨石膏板吊顶（造型直线吊顶）	普通	225.80	m²	1. 工程量按展开面积计算。 2. 含木龙骨刷三防涂料。 3. 层高超过2.70m时,价格调增	1. 木龙骨石膏板吊顶造型骨架（木龙骨刷三防涂料），龙骨用膨胀螺栓固定，栓距≤600mm。 2. 石膏板为9mm龙牌纸面石膏板，用蘸有青漆或乳蜡的自攻钉固定，钉帽点刷防锈漆。 3. 石膏板接缝处填嵌缝石膏、粘贴绷带
		高级	298.50	m²		
2-4	木龙骨石膏板吊顶（造型曲线吊顶）	普通	275.50	m²	1. 工程量按展开面积计算。 2. 含木龙骨刷三防涂料。 3. 层高超过2.70m时,价格调增	1. 木龙骨石膏板吊顶造型骨架（木龙骨刷三防涂料），龙骨用膨胀螺栓固定，栓距≤600mm。 2. 石膏板为9mm龙牌纸面石膏板（用部采用多层板或菊的自攻钉固定），造型处局部采用多层板或大芯板。 3. 石膏板接缝处填嵌缝石膏、粘贴绷带，固定石膏板的钉帽点刷防锈漆
		高级	370.00	m²		

续表

编号	项目	工艺标准	单价（元）	单位	工程量和造价计算规则	工艺做法
2-5	木龙骨石膏板吊顶灯槽	普通	75.00	m	1. 工程量按灯槽长度以延长米计算。 2. 灯槽宽度≤150mm。 3. 层高超过2.70m时，价格调增	1. 木龙骨石膏板吊顶造型骨架，龙骨膨胀螺栓固定，栓距≤600mm。 2. 石膏板为9mm龙牌纸面石膏板，造型处局部采用多层板或大芯板（用醺清漆或乳蜡的自攻钉固定）。 3. 石膏板接缝处填嵌缝石膏，粘贴绷带，固定石膏板的钉帽点刷防锈漆
		高级	105.00	m		
2-6	吊顶木龙骨刷三防涂料（防火、防腐、防虫处理）	普通	45.00	m²	1. 工程量按吊顶展开面积计算。 2. 施工前应对此项内容在吊顶项目中进行明确约定	吊顶木龙骨刷三防涂料
		高级	60.00	m²		

续表

编号	项目	工艺标准	单价(元)	单位	工程量和造价计算规则	工艺做法
2-7	木桑拿板吊顶刷清漆	普通	225.00	m²	1. 工程量按展开面积计算。 2. 木龙骨刷三防涂料。 3. 如使用刷漆板条时价格酌减。 4. 层高超过2.70m时,价格调增。 * 如用高档材料或有特殊处理时,价格另议。	1. 甲方提供木桑拿板条素板。 2. 木龙骨衬底,刷三防涂料。 3. 板面油漆打磨成活饰面。
		高级	298.00	m²		
2-8	塑钢板吊顶(条形)	普通	138.00	m²	1. 工程量按面积计算。 2. 价格中含国产塑钢板、边角收口条及配件。 * 如使用高档材料时,价格另议	1. 木龙骨固定。 2. 条形塑钢板及边条安装。
		高级	186.00	m²		

续表

编号	项目	工艺标准	单价（元）	单位	工程量和造价计算规则	工艺做法
2-9	铝扣板吊顶（长条形）	普通	195.50	m²	1. 工程量按面积计算。 2. 价格中含国产铝扣板、边角收口条及配件。 *如使用高档材料时，价格另议	1. 吊顶龙骨安装。 2. 条形铝扣板及边条安装
		高级	270.00	m²		
2-10	铝扣板吊顶（方形）	普通	228.00	m²	1. 工程量按面积计算。 2. 价格中含国产铝扣板、边角收口条及配件。 *如使用高档材料时，价格另议	1. 吊顶龙骨安装。 2. 条形铝扣板及边条安装
		高级	298.50	m²		
2-11	塑钢板吊顶（清工辅料）	普通	42.50	m²	1. 工程量按实际面积计算。 2. 甲方提供塑钢板、边角收口条及配件。 *如使用高档材料时，价格另议	含零星辅料及人工安装
		高级	57.00	m²		

续表

编号	项目	工艺标准	单价（元）	单位	工程量和造价计算规则	工艺做法
2-12	铝扣板吊顶（清工辅料）	普通	65.00	m²	1. 工程量按实际面积计算。 2. 甲方提供铝扣板，边角收口条及配件。 *如使用高档材料时，价格另议	含零星辅料及人工安装
		高级	85.50	m²		

第三章 隔墙及贴砖工程

具体内容见表 3。

表 3

编号	项 目	工艺标准	单价（元）	单位	工程量和造价计算规则	工艺做法
3-1	墙面贴瓷砖	普通	63.00	m²	1. 工程量按图示尺寸以 m² 计算。 2. 如采用专用勾缝剂或彩色勾缝剂时，由甲方提供，参考价中不含。 3. 如拼花或斜铺，有腰线时价格调增。 *如使用高档材料或有规格差异时，价格另议。	1. 原墙面清理凿毛，素灰拉毛。 2. 刷界面剂，水泥砂浆粘贴，白水泥擦缝。 3. 甲方提供瓷砖，规格 150mm≤边长≤450mm
		高级	88.00	m²		
3-2	墙面贴瓷砖（小规格）	普通	75.50	m²	1. 工程量按图示尺寸以 m² 计算。 2. 如采用专用勾缝剂或彩色勾缝剂时，由甲方提供，参考价中不含。	1. 原墙面清理凿毛，素灰拉毛。 2. 刷界面剂，水泥砂浆粘贴，白水泥擦缝。

续表

编号	项目	工艺标准	单价（元）	单位	工程量和造价计价规则	工艺做法
3-2	墙面贴瓷砖（小规格）	高级	105.00	m²	3. 如拼花、斜铺、有腰线时价格调增。 *如使用高档材料或有规格差异时，价格另议。	3. 甲方提供瓷砖，规格 10mm≤边长≤150mm
3-3	厨卫包管道（水泥砖）	普通	192.50	m²	1. 工程量按展开面积计算。 2. 面层处理费用另计	1. 轻钢龙骨架，单面封包水泥板。 2. 水泥板上挂丝网并抹水泥砂浆拉毛。 3. 如使用木龙骨时须做防腐处理。 4. 不含面层贴瓷砖
		高级	250.00	m²		
3-4	厨卫包管道（轻质砖）	普通	125.50	m²	1. 工程量按展开面积计算。 2. 面层处理费用另计	1. 轻体砖，32.5 普通硅酸盐水泥砂浆砌单面砖。 2. 单面水泥砂浆打底。 3. 不含面层贴瓷砖
		高级	163.00	m²		

续表

编号	项目	工艺标准	单价（元）	单位	工程量和造价计算规则	工艺做法
3-5	轻钢龙骨双面石膏板隔墙	普通	205.50	m²	1. 工程量按墙体图示的净长乘以净高以 m² 计算。 2. 如铺贴岩棉时价格另计。 3. 面层刮腻子及刷漆另计	1. 用75轻钢龙骨架，双面封12mm厚纸面石膏板（双面单层）。 2. 石膏板接缝处嵌缝石膏贴绷带，自攻螺钉固定，钉帽点刷防锈漆
		高级	268.00	m²		
3-6	墙面抹水泥砂浆找平	普通	38.50	m²	1. 工程量按内墙同图示净长线乘以高度以 m² 计算。 2. 找平层厚度≤200mm	1. 原墙面基层凿毛处理。 2. 水泥砂浆抹灰（常规）
		高级	50.00	m²		
3-7	阳台保温墙	普通	169.50	m²	1. 工程量按实际面积计算。 2. 采用石膏板或水泥板视面层做法而定。 3. 面层贴砖或刷漆另计	1. 木龙骨框架，内衬保温板（岩棉板或聚苯乙烯泡沫板≤5mm）。 2. 12mm纸面石膏板或水泥板封面，钉帽点刷防锈漆。 3. 含木龙骨刷三防涂料
		高级	228.00	m²		

续表

编号	项目	工艺标准	单价（元）	单位	工程量和造价计算规则	工艺做法
3-8	包暖气立管（石膏板）	普通	140.50	m²	1. 工程量按展开面积计算 2. 面层涂料另计	1. 75轻钢龙骨骨架，面封12mm厚纸面石膏板。 2. 石膏板接缝处填嵌缝石膏贴绷带，自攻螺钉固定，钉帽点刷防锈漆
		高级	188.00	m²		
3-9	包暖气横管（石膏板）	普通	145.80	m²	1. 工程量按展开面积计算。 2. 面层涂料另计	1. 75轻钢龙骨骨架，面封12mm厚纸面石膏板。 2. 石膏板接缝处填嵌缝石膏，贴绷带，自攻螺钉固定，钉帽点刷防锈漆
		高级	196.00	m²		
3-10	门窗洞口抹灰修整		28.50	m	1. 工程量按门洞口周长以延长米计算。 2. 墙体厚度≤240mm，超过此厚度，价格另计	1. 门窗垛拆除后剔除松动灰浆及水泥块并进行砖抹水泥块。 2. 根据成品门要求进行修整

45

第四章 涂饰工程

具体内容见表4。

表4

编号	项目	工艺标准	单价（元）	单位	工程量和造价计算规则	工艺做法
4-1	墙、顶面立邦漆（多乐士皓朗全效）	普通	60.00	m²	1. 工程量按图示尺寸以m²计算。 2. 做门窗套时扣除门窗面积，不做门窗套时扣除门窗面积的一半。 3. 每套房刷漆的颜色超过2种时，每增加1色，费用另计。 *如使用高档材料或甲方指定材料时，价格另议	1. 清理原墙面基底，铲除原面普通苯水性涂层。 2. 刷界面剂1遍，批刮耐水腻子2～3遍并打磨平整。 3. 刷立邦漆3遍（1底2面） 4. 若遇油漆、壁纸、喷涂等非苯水性涂层，铲灰皮等费用另计。
		高级	78.50	m²		
4-2	墙、顶面立邦漆（清工、辅料）	普通	29.00	m²	1. 工程量按图示尺寸以m²计算。	1. 清理原墙面基底，铲除原面普通苯水性涂层。 2. 刷界面剂1遍，批刮耐水腻子2～3遍打磨平整。

续表

编号	项 目	工艺标准	单价（元）	单位	工程量和造价计算规则	工艺做法
4-2	墙、顶面立邦漆（清工、辅料）	高级	40.00	m²	2. 做门窗套时扣除门窗面积，不做门窗套时扣除门窗面积的一半。 3. 涂料由甲方提供。 *如使用高档材料或有特殊处理时，价格另议	3. 刷立邦漆 3 遍。 4. 若遇油漆、壁纸、喷涂等非亲水性涂层，铲灰皮等费用另计
4-3	墙面贴壁纸	普通	38.50	m²	1. 工程量按图示尺寸以 m² 计算。 2. 壁纸及壁纸胶由甲方提供。 3. 如使用高档材料时，价格另议	1. 清理原墙面基底，刷界面剂，批刮耐水腻子。 2. 打磨后刷清漆。 3. 贴壁纸，参照厂家的处理要求施工
4-3		高级	52.00	m²		
4-4	墙顶贴的确良或玻纤布（防裂处理）	普通	13.80	m²	1. 工程量按面积计算。 2. 面层涂料价格另计	1. 墙面基层清理。轻体墙及砂灰墙等基层差的墙体应选择防裂处理（墙体板差须铲除重新抹灰的部位除外）。 2. 打磨平整后贴的确良玻纤布或玻纤网格布
4-4		高级	17.50	m²		

47

续表

编号	项目	工艺标准	单价（元）	单位	工程量和造价计算规则	工艺做法
4-5	旧门窗刷混油（钢门窗）	普通	32.00	m²	工程量按门窗框外围尺寸以 m² 计算	1. 原门窗砂纸打磨清理。 2. 清洁面层后刷油漆
		高级	43.50	m²		
4-6	旧木制品脱漆重新刷油漆（含木门窗）	普通	118.50	m²	木制品按图示尺寸，木门窗按框外围尺寸以 m² 计算	1. 原有油漆面脱漆处理。 2. 砂纸打磨清洁面层。 3. 刷清漆打磨成活
		高级	175.00	m²		
4-7	石膏角线安装（直型素线）	普通	19.50	m	1. 石膏线安装以延长米计算。 2. 层高超过 2.70m 及弧形石膏线安装价格另计。 3. 甲方指定品牌价格另计。 4. 线体漆层计入墙、顶面涂料内	1. 石膏线为≤10mm 素线 2. 快粘粉粘贴石膏线并补缝。 3. 修木打磨石膏线边棱及接头
		高级	25.50	m		

续表

编号	项目	工艺标准	单价（元）	单位	工程量和造价计算规则	工艺做法
4-8	石膏角线安装（直型花线）	普通	24.80	m	1. 石膏线安装以延长米计算。 2. 层高超过2.70m及弧形石膏线安装价格另计。 3. 甲方指定品牌价格另计。 4. 线体涂层计入墙面涂料内	1. 石膏线为≤10mm花线。 2. 快粘粉粘贴石膏线并补缝。 3. 修补打磨石膏线边棱反接头
		高级	33.00	m		
4-9	石膏角线安装（泛太平洋线）	普通	63.00	m	1. 石膏线安装以延长米计算。 2. 层高超过2.7m及弧形石膏线安装价格另计。 3. 甲方指定泛太平洋线（规格）品牌价格另计。 4. 线体涂层计入墙面涂料内	1. 石膏线为≤10mm素线。 2. 快粘粉粘贴石膏线并补缝。 3. 修补打磨石膏线边棱反接头
		高级	88.00	m		

49

续表

编号	项目	工艺标准	单价（元）	单位	工程量和造价计算规则	工艺做法
4-10	石膏角线安装（清工）	普通	14.50	m	1. 石膏线安装以延长米计算。 2. 石膏线甲方提供，规格≤10mm，含铺料及人工。 3. 层高超过2.70m及弧形石膏线安装价格另计。 4. 线体涂层计入墙面涂料内	1. 快粘粉粘贴石膏线并补缝。 2. 修补打磨石膏线边棱及接头
		高级	20.00	m		

第五章 门窗、细木制品工程

具体内容见表5、表6。

表5

编号	项目	饰面材质	工艺标准	单价（元）	单位	工程量和造价计算规则	工艺做法
5-1	木门套及哑口制作安装（双面贴脸刷线刷油漆）	混油	普通	155.00	m	1. 工程量按门框的周长以延长米计算。2. 墙体厚度≤240mm，如超过或造型（弧形等）时，价格另计	1. 大芯板衬底，外贴饰面板，用实木线条收口 2. 贴脸线宽度≤55mm。3. 打磨刷油漆成活
			高级	220.00	m		
		沙比利	普通	185.00	m	1. 工程量按门框的周长以延长米计算。2. 墙体厚度≤240mm，如超过或造型（弧形等）时，价格另计。3. 油漆如擦色漆时价格另计。*如使用高档材料时，价格另议	1. 大芯板衬底，外贴饰面板，用与饰面板同一木制的实木线条收口 2. 贴脸线宽度≤55mm。3. 打磨刷清漆成活
			高级	265.00	m		
		泰柚木	普通	210.00	m		
			高级	298.00	m		
		樱桃木	普通	185.00	m		
			高级	265.00	m		
		胡桃木	普通	210.00	m		
			高级	298.00	m		

续表

编号	项目	饰面材质	工艺标准	单价（元）	单位	工程量和造价计算规则	工艺做法
5-2	木窗套、单面门套制作安装（单面贴脸线刷油漆）	混油	普通	115.50	m	1. 工程量按门框的周长以延长米计算。2. 墙体厚度≤240mm，如超过或造型（弧形等）时，价格另计	1. 大芯板衬底，外贴饰面板，用实木线条收口。2. 贴脸线宽度≤55mm。3. 打磨刷混油成活
			高级	170.00	m		
		沙比利	普通	138.50	m	1. 工程量按门框的周长以延长米计算。2. 墙体（门套）厚度≤240mm，如超过或造型（弧形等）时，价格另计。3. 油漆如擦色漆时价格另计。*如使用高档材料时，价格另议	1. 大芯板衬底，外贴饰面板，用与饰面板同一木制的实木线条收口。2. 贴脸线宽度≤55mm。3. 打磨刷清漆成活
			高级	201.00	m		
		泰柚木	普通	170.50	m		
			高级	250.00	m		
		樱桃木	普通	155.00	m		
			高级	230.00	m		
		胡桃木	普通	170.50	m		
			高级	250.00	m		

续表

编号	项目	饰面材质	工艺标准	单价（元）	单位	工程量和造价计算规则	工艺做法
5-3	木吊柜制作安装油漆	混油	普通	520.00	m	1. 吊柜按长度以延长米计算，不足1m按1m计算。 2. 柜体厚度≤500mm，高度≤550mm。 3. 柜内刷漆时价格另计。 4. 五金件（合页、锁、拉手等）由甲方提供	1. 柜体框架大芯板，内衬背板（厚度为9mm的胶合板）。 2. 柜门大芯板龙骨衬底，贴饰面板，实木收边。 3. 内衬板，侧背板不贴饰面板。 4. 刷混油打磨成活
			高级	675.00	m		
		沙比利	普通	595.00	m	1. 吊柜按长度以延长米计算，不足1m按1m计算。 2. 柜体厚度≤500mm，高度≤550mm。 3. 柜内刷漆时价格另计。 4. 油漆如擦色漆时价格另计。 5. 五金件（合页、锁、拉手等）由甲方提供 * 如使用高档材料时，价格另议	1. 柜体框架大芯板，内衬背板（厚度为9mm的胶合板）。 2. 柜门大芯板龙骨衬底，贴相应饰面板，实木收边。 3. 内衬板，侧背板不贴饰面板。 4. 刷清油打磨成活
			高级	770.00	m		
		泰柚木	普通	700.00	m		
			高级	895.00	m		
		樱桃木	普通	633.00	m		
			高级	810.00	m		
		胡桃木	普通	700.00	m		
			高级	895.00	m		

续表

编号	项目	饰面材质	工艺标准	单价（元）	单位	工程量和造价计算规则	工艺做法
5-4	鞋柜制作安装油漆	混油	普通	580.00	m	1. 鞋柜按长度以延长米计算。2. 柜体厚度≤400mm，高度不大于1100mm，不足1m，按1m计算。3. 如背板、侧板、格板贴饰面板时价格另计。4. 五金件（合页、锁、拉手等）由甲方提供。	1. 柜体框架大芯板，内村背板（厚度为9mm的胶合板）。2. 柜门大芯板龙骨衬底，贴相应厚度为3mm的胶合板，台面大芯板贴相应三合板饰面，实木收边。3. 鞋柜合隔板3块，侧板不贴饰面板。4. 内青板，侧板，格板贴饰面不贴饰面板。5. 刷混油刷清漆2遍，打磨刷清漆打磨成活
			高级	785.00	m		
		沙比利	普通	625.00	m	1. 鞋柜按长度以延长米计算，不足1m按1m计算。2. 柜体厚度≤400mm，高度不大于1100mm。3. 鞋柜合隔板3块，实木收边，如贴饰面板或其他做法价格另计。4. 油漆如擦色漆时价格另计。* 如使用高档材料时，价格另议	1. 柜体框架大芯板，内村背板（厚度为9mm的胶合板）。2. 柜门大芯板龙骨衬底，贴相应厚度为3mm的胶合板底，台面大芯板贴相应三合板饰面，实木收边。3. 内青板，侧板无饰板，打磨刷清漆2遍。4. 五金件（合页、锁、拉手等）由甲方提供。5. 刷清漆打磨成活
			高级	830.00	m		
		泰柚木	普通	780.00	m		
			高级	995.00	m		
		樱桃木	普通	715.00	m		
			高级	920.00	m		
		胡桃木	普通	780.00	m		
			高级	995.00	m		

续表

编号	项目	饰面材质	工艺标准	单价(元)	单位	工程量和造价计算规则	工艺做法
5-5	衣帽柜制作(带门)安装油漆	混油	普通	600.00	m²	1. 按柜体高乘以宽以m²计算。 2. 柜体厚度不大于600mm。 3. 每组柜内含3块隔板,实木收边。 4. 抽屉、拉盘单独收费。	1. 柜体框架大芯板,内背板(厚度为9mm的胶合板)。 2. 柜门大芯板龙骨衬底,贴饰面厚度为3mm的胶合板,实木收边。 3. 内部无饰板(格板、侧板),打磨刷清漆2遍。 4. 五金件(合页、锁、拉手等)由甲方提供。 5. 刷混油打磨成活
			高级	785.00	m²		
		沙比利	普通	690.00	m²	1. 按柜体高乘以宽以m²计算。 2. 柜体厚度≤600mm。 3. 每组柜内含3块隔板,实木收边。 4. 抽屉、拉盘单独收费。 5. 油漆如擦色漆时价格另计 * 如使用高档材料时,价格另议	1. 柜体框架大芯板,柜内背板(厚度为9mm的胶合板)。 2. 柜内大芯板龙骨衬底,外贴相应饰面厚度为3mm的胶合板,实木收边。 3. 内部无饰面板,打磨刷清漆2遍。 4. 五金件(合页、锁、拉手等)由甲方提供。 5. 刷清漆打磨成活
			高级	895.00	m²		
		素柚木	普通	855.00	m²		
			高级	1080.00	m²		
		樱桃木	普通	765.00	m²		
			高级	980.00	m²		
		胡桃木	普通	855.00	m²		
			高级	1080.00	m²		

续表

编号	项目	饰面材质	工艺标准	单价（元）	单位	工程量和造价计算规则	工艺做法
5-6	挂衣板制作安装（清油）	沙比利	普通	358.00	m²	1. 按背高度乘以宽以m²计算。 2. 该衣板以贴墙板式做法为准，如遇有厚度或有造型帽头时，价格另议。 3. 油漆如擦色漆时价格另计。 4. 背板上的五金件由甲方提供。 * 如使用高档材料时，价格另议	1. 贴墙大芯板衬底，外贴相应厚度为3mm的胶合板饰面，实木收边。 2. 刷清漆打磨成活
			高级	465.00	m²		
		泰柚木	普通	420.00	m²		
			高级	555.00	m²		
		樱桃木	普通	365.00	m²		
			高级	475.00	m²		
		胡桃木	普通	420.00	m²		
			高级	555.00	m²		
5-7	木角线、挂镜线安装（清油）	沙比利	普通	58.00	m	1. 工程量按安装长度以延长米计算。 2. 相应实木线50mm×15mm以内。 3. 油漆如擦色漆时价格另计	1. 打孔下木塞。 2. 安装木线条。 3. 打磨刷清漆成活
			高级	75.00	m		
		泰柚木	普通	78.00	m		
			高级	98.00	m		
		樱桃木	普通	72.00	m		
			高级	95.00	m		
		胡桃木	普通	78.00	m		
			高级	98.00	m		

续表

编号	项目	饰面材质	工艺标准	单价（元）	单位	工程量和造价计算规则	工艺做法
5-8	木护墙板制作安装油漆（清油）	沙比利	普通	395.00	m²	1. 工程量按长乘以高以 m² 计算。 2. 如护墙板造型、凹凸起线时，价格另议。 3. 如漆色漆价格另计。 * 如使用高档材料时，价格另议	1. 木龙骨打底（墙面下木塞），厚度为 5mm 的溅松衬板或木底为 9mm 的胶合板衬底。 2. 贴相应饰面板反相应实木线条收口。 3. 刷油漆打磨成活
			高级	555.00	m²		
		柚木	普通	435.00	m²		
			高级	588.00	m²		
		樱桃木	普通	400.50	m²		
			高级	565.00	m²		
		胡桃木	普通	435.00	m²		
			高级	588.00	m²		
5-9	贴面踢脚线制作安装（清油）	沙比利	普通	45.00	m	1. 工程量以延长米计算。 2. 清工辅料，线高 ≤ 800mm。 3. 如擦油色价格另议。 * 如使用高档材料时，价格另议	1. 墙身打孔下木塞，贴厚度为 9mm 的胶合衬板，外贴厚度为 3mm 的胶合板饰面。 2. 实木线条收口。 3. 刷清油打磨成活
			高级	60.00	m		
		柚木	普通	55.00	m		
			高级	75.00	m		
		樱桃木	普通	45.00	m		
			高级	65.00	m		
		胡桃木	普通	55.00	m		
			高级	75.00	m		

表6

编号	项目	单价（元）	单位	工程量和造价计算规则	工艺做法
5-10	门窗洞口木帮框修整找方	85.00	m	1. 工程量按门洞口周长以延长米计算。 2. 原门洞口厚度≤240mm，厚度每增加50mm时，每米增加12元	1. 帮框采用双层大芯板衬底。 2. 根据成品门要求进行修整
5-11	窗帘杆安装	50.00	套	1. 窗帘杆安装以套计算。 2. 安装高度在2.7m以内	1. 打孔下胀塞。 2. 专用螺丝固定杆座。 3. 安装窗帘杆固定脚以2个为准，如超高或杆座超过2个时，价格协商增加

第六章 电路工程

具体内容见表7、表8。

表7

编号	项目	单价（元）	单位	工程量和造价计算规则	工艺做法
6-1	电路改造（砖墙开槽）	45.00	m	1. 工程量按开槽长度以延长米计算。不足1m按1m计算。 2. 面板由甲方提供，面板连接费用另计。 3. 空调等大功率电管布线，线径采用4平方塑铜线，每米增价15元	1. 墙面开槽，埋设PVC阻燃管，穿国标2.5平方塑铜线。分色布线，管内电线不得有接头，不得超过3根。 2. 刻凿埋管后用水泥砂浆或石膏堵抹填平。 3. 埋管后面层另计
6-2	电路改造（轻体墙开槽）	45.00	m	1. 工程量按开槽长度以延长米计算。不足1m按1m计算。 2. 面板由甲方提供，面板连接费用另计。 3. 空调等大功率电管布线，线径采用4平方塑铜线，每米增价15元	1. 墙面开槽，埋设PVC阻燃管，穿国标2.5平方塑铜线。分色布线，管内电线不得有接头，不得超过3根。 2. 刻凿埋管后用水泥砂浆或石膏堵抹填平。 3. 埋管后面层另计

表8

编号	项目	适用于	单价（元）	单位	工程量和造价计算规则	工艺做法
6-3	电路敷设（不开槽）	—	35.00	m	1. 工程量按布线长度以延长米计算。不足1m按1m计算。 2. 面板由甲方提供，面板连接费用另计。 3. 空调等大功率电管布线，线径采用4平方塑铜线，每米增价15元	1. 在吊顶及石膏线等不开槽部位敷设线路。 2. 用PVC阻燃管及配件，穿国标2.5平方塑铜线，分色布线，管内电线不得接头，分线处用分线盒
6-4	网络、音响、数据、光纤电缆、电话、电视等线路敷设	轻质墙及砖墙开槽	36.00	m	1. 工程量开槽长度或敷设线路长度以延长米计算。不足1m按1m计算。 2. 乙方只负责穿管不负责连接。 3. 面板由甲方提供，面板连接费用另计	1. 网络、音响、电话等线料由甲方提供。 2. 乙方负责提供PVC阻燃管及施工穿管工费。 3. 按照施工规范施工，注意强弱电施工标准
		不开槽	23.00	m		

续表

编号	项目	适用于	单价（元）	单位	工程量和造价计算规则	工艺做法
6-5	原管穿线	—	29.00	m	工程量按长度以延长米计算	室内原管不动，更换国标2.5平方塑铜线，分色布线，管内不得有接头，不得超过3根
6-6	阻燃盒安装（镀锌暗盒）	混凝土墙埋线盒	23.00	个	按埋设个数计算	剔凿埋线盒后，用水泥砂浆填平
6-6	阻燃盒安装（镀锌暗盒）	砖墙埋线盒	16.00	个	按埋设个数计算	剔凿埋线盒后，用水泥砂浆填平
6-7	阻燃盒安装（PVC暗盒）	混凝土墙埋线盒	18.00	个	按埋设个数计算	剔凿埋线盒后，用水泥砂浆填平
6-7	阻燃盒安装（PVC暗盒）	砖墙埋线盒	14.50	个	按埋设个数计算	剔凿埋线盒后，用水泥砂浆填平
6-8	开关、插座面板安装	—	10.50	个	按埋设个数计算	清工铺料，线路连接，面板固定
6-9	灯具安装（甲方灯具）	花灯	65.00	个	1. 灯具直径在500mm以内。2. 艺术灯另计（高档灯具另行协商）	1. 清工铺料，线路连接，灯具固定。2. 花灯及超重灯具安装时，须采用膨胀螺栓固定

续表

编号	项目	适用于	单价（元）	单位	工程量和造价计算规则	工艺做法
6-9	灯具安装（甲方灯具）	吸顶灯	23.00	个	按个数计算	清工辅料，线路连接，灯具固定
		筒灯、射灯、牛眼灯安装	13.00	个	按个数计算	清工辅料，线路连接，灯具固定
		管灯、镜前灯	25.00	个	按个数计算	清工辅料，线路连接，灯具固定
		排风扇	50.00	个	按个数计算	清工辅料，线路连接，风管固定

第七章 水路工程

具体内容见表9。

表9

编号	项目	单价(元)	单位	工程量和造价计算规则	工艺做法
7-1	水管线路安装（暗装管线）	90.00	m	1. 工程量按开槽长度以延长米计算。不足1m按1m计算。 2. 不包含水龙头、阀门、软管或设备安装	1. 砖墙、轻质墙面开槽，pp-r 4分管，沿墙在槽内走管敷接，轻质墙面应做防水处理，槽内补做防水。 2. 开槽处墙面应做防水处理，用水泥砂浆抹平。 3. 线管及配件埋入后，用水泥砂浆抹平。 4. 按规定打压试验
7-2	水管线路安装（明装管线）	75.00	m	1. 工程量按长度以延长米计算。不足1m按1m计算。 2. 不包含水龙头、阀门、软管或设备安装	1. pp-r 4分管，热熔焊接，沿墙或沿顶走管敷设。 2. 卡子固定。 3. 按规定打压试验
7-3	厨房、卫生间管道防噪声、防结露处理	35.00	m	工程量按长度以延长米计算。不足1m按1m计算	管道用橡塑板（或发泡聚氨酯材料）包裹缠绕

续表

编号	项目	单价（元）	单位	工程量和造价计算规则	工艺做法
7-4	墙地面做防水	145.00	m²	工程量按实刷面积计算	1. 基层处理。 2. 在基层处理后的地面、墙面上涂刷防水涂料2遍（价格以东方雨虹防水涂料为参考）。 3. 做后进行24h闭水实验
7-5	洁具安装	350.00	套	1. 价格含安装柱式盆及坐便各1个。 2. 不论坐便为后出水或侧排水，均参此价格。 3. 高档洁具安装费另行协商	1. 洁具、龙头、软管等材料由甲方提供。 2. 洁具固定连接
7-6	浴室镜子安装	60.00	块	镜子由甲方提供	1. 清工及辅料。 2. 镜子安装
7-7	花洒、混水阀安装	250.00	套	1. 按1个花洒1个混水阀为1套安装。 2. 高档设备安装费亦可按设备的百分比提取	1. 材料由甲方提供。 2. 清工及辅料由乙方提供

第八章 其他项目工程

具体内容见表10。

表10

编号	项目	适用于	单价（元）	单位	工程量和造价计算规则	备注
8-1	垃圾清运费	有电梯	5.50	m²	1. 该费用按建筑面积计算。 2. 无电梯按砖混结构参考，超过6层砖混结构时，协商调增	1. 垃圾清运指由装修楼层运至小区指定地点堆放。 2. 垃圾的外运价格中不含。 3. 旧房拆除改造的（渣土）费用，参考价中不含
		无电梯	7.50	m²		
8-2	厨房、卫生间五金安装	—	170.00	套	此价格为一厨、一卫的五金安装	此价格中含毛巾杆、毛巾环、浴巾架、肥皂盒、杯架、浴盆拉手及厨房中的五金安装等
8-3	甲供材料搬运费	—	5.00	m²	1. 按建筑面积收取该费用 2. 此项为甲方提供的材料、灯具等的搬运费用	1. 材料由施工现场楼下搬至施工楼层。 2. 此价格按有电梯楼房，无电梯每增加1层，协商调增

续表

编号	项目	适用于	单价(元)	单位	工程量和造价计算规则	备 注
8-4	旧墙面基层处理（铲除、处理）	清工	6.00	m²	1. 工程量按面积计算。 2. 垃圾运输费另计	铲除壁纸、壁布
		清工	12.00	m²	1. 工程量按面积计算。 2. 垃圾运输费另计	油漆及非苯水性涂料、防水腻子铲除
		清工	16.50	m²	1. 工程量按面积计算。 2. 垃圾运输费另计	老房砂灰层整体铲除及其他特殊情况等
8-5	墙、地砖剔凿拆除	清工	25.50	m²	1. 工程量按面积计算。 2. 渣土运输费另计	1. 拆除包括各种面层及结合层的拆除。 2. 如遇有踢脚线拆除时，可并入墙地面拆除内计算
8-6	墙身开门窗洞口（清工辅料）	清工辅料	340.00	个	1. 工程量以个计算。 2. 渣土运输费另计	1. 在240mm厚砖墙上掏砌门窗洞口。 2. 开洞后插砌旧砖抹灰修整洞口
8-7	墙体拆除	砖墙拆除	230.00	m³	1. 按实拆墙体的体积以 m³ 计算。 2. 渣土运输费另计	包括拆后渣土清理、归堆装袋
		轻质墙拆除	150.00	m³		

续表

编号	项目	适用于	单价（元）	单位	工程量和造价计算规则	备注
8-8	混凝土墙凿毛	清工辅料	18.50	m²	1. 按内墙净长线乘以高度以 m² 计算。 2. 渣土运输费另计	在混凝土墙面上欲凿麻面

北京市家庭居室装饰装修工程
质量保修二年制度

北京市建筑装饰协会家装委员会为保证住宅装饰装修工程质量，规范竣工后服务行为，维护消费者的切身利益，特制定本制度。

1. 住宅装饰装修自验收合格后由发包方（以下简称甲方）和承包方（以下简称乙方）双方签字之日起，保修期限为二年，有防水要求的厨房、卫生间和外墙面的防渗漏为五年。保修期自家庭装饰装修验收合格之日起计算。

2. 住宅装饰装修验收合格后由乙方填写工程保修单，经甲、乙双方签字确认后生效执行。

3. 保修期内由于乙方责任造成的工程质量问题，乙方无条件按原设计进行维修。

4. 保修期内如属甲方责任造成装饰面损坏，影响正常使用，需要乙方进行维修时，乙方只收取材料费，不得收取其他费用。

5. 保修期内维修要及时，自甲方提出申请维修之日起一周内，乙方到现场进行维修，不得以任何理由无故拖延。

北京市家庭居室装饰装修工程
处理投诉管理办法

第一章 总 则

第一条 为了保护消费者、经营者的合法权益,正确、及时处理消费者对住宅装饰工程的投诉,根据《中华人民共和国产品质量法》《中华人民共和国合同法》《中华人民共和国消费者权益保护法》,中华人民共和国住房和城乡建设部《住宅室内装饰装修管理办法》,北京市建设委员会《北京市家庭居室装饰装修工程承发包及施工管理暂行规定》的精神,北京市建筑装饰协会受北京市建设委员会委托,负责家居装饰行业的具体管理工作。负责受理家庭装饰装修投诉工作的部门是北京市建筑装饰协会家装委员会及北京市建筑装饰协会各区县装饰工作站(区县建委装饰办)。

第二条 在北京市有施工资质和市场准入证的从事家庭居室装饰装修的企业,受到业主投诉,均应接受北京市建筑装饰协会家装委员会的调解。

第三条 住宅装饰装修消费者、经营者因住宅装饰装修工程质量发生争议,属于入驻家居市场的装饰装修企业,可直接向该入驻家居市场投诉。

第四条 北京市建筑装饰协会家装委员会受理住宅装饰装修工程的投诉,依照本办法执行。并配备专职人员负责处理住宅装饰装修工程投诉。

第五条 对受理的消费者投诉案件,应根据事实,依照甲、乙双方所签订施工合同及北京市家庭居室装饰装修行业"五统一"管理办法及法律、法规,公正地处理。

第二章 投诉受理

第六条 消费者投诉应符合以下条件:

(一)取得建设行政主管部门核发的建筑装饰装修专业施工资质承包的施工企业;

(二)取得全国住宅装饰装修行业自律管理企业准入证书的施工企业承做的家装工程。

第七条 消费者投诉应提供书面材料,内容是:

(一)投诉人姓名、住址、电话、邮编;

(二)被投诉单位全称、法人、地址、电话、邮编及施工地点、施工负责人、设计负责人等相关人的姓名;

(三)投诉人的要求、理由及甲、乙双方主要矛盾、协调处理情况或家居市场调解书;

(四)相关证据,如合同、收款单、有关检测结果等;

(五)投诉日期。

第八条 业主委托代理人进行投诉的,应递交授权委托书,并经业主签字或加盖人名章。

第九条 下列投诉不予受理:

(一)超过保修期,被投诉方不再负有违约责任的;

(二)已达成调解协议,并终止合同的;

(三)投诉方无证据证明所投诉事实的;

(四)对存在争议的工程质量无法提供专业部门鉴定报告的;

(五)有关行政机关或消费者协会已受理的;

(六)超过合同约定范围的。

第十条 北京市建筑装饰协会在接到投诉后七日内,通知投诉人，作出如下处理：

（一）投诉符合条件，予以受理；

（二）投诉不符合规定，告知不予受理。

第三章 投诉处理

第十一条 对业主投诉应予以登记，并及时处理。

第十二条 受理家装工程投诉的案件，属于民事争议的，采取调解方式予以处理。

第十三条 处理投诉的依据：

《中华人民共和国产品质量法》；

《中华人民共和国合同法》；

《中华人民共和国消费者权益保护法》；

《住宅室内装饰装修管理办法》；

《北京市家庭居室装饰装修工程承包及施工管理暂行规定》；

《北京市家庭居室装饰装修工程质量验收标准》；

《北京市家庭居室装饰装修工程施工合同》；

《北京市家庭居室装饰装修工程质量保修二年制度》。

第十四条 对有争议的家装工程质量甲、乙双方应填写委托书，由北京市建委认可的工程质量检测部门进行工程质量检测、鉴定及工程质量评估，该费用由委托方支付。

第十五条 市装饰协会家装委员会投诉工作人员，应对甲、乙双方进行调解，达成一致意见，应签订调解书，双方签字生效，并自觉履行。

第十六条 北京市建筑装饰协会家装委员会投诉部，当接到消费者投诉应以事实为根据，标准为准绳及时调解处理。

第十七条 经家居市场认证的家装合同应在市场质量管理部门进行调解。经家装公司签定的合同在家装公司售后服务部门解决。各区县建委已建立装饰工作站或办公室的，由其协调解决。

未达成协议或拒不履行协议,再由市装饰协会家装委员会协调解决。当调解无效,争议双方可通过以下途经解决:

(一)根据双方达成的仲裁协议,请仲裁机构仲裁;

(二)向人民法院提起讼诉。

第十八条 北京市建筑装饰协会家装委员会建立投诉档案管理制度,建立投诉统计制度。将投诉情况分析向行业及社会公布,对影响较大的投诉及时报送市建委主管部门。

第十九条 协会家装委员会投诉调解工作人员,应廉洁自律、公平、公正、认真处理。

第四章 附 则

第二十条 本办法由北京市建筑装饰协会家装委员会负责解释。

第二十一条 本办法自颁布之日起实施。

北京市建筑装饰协会家装委员会
2008年7月10日

统一设计师、工长持证上岗

为了为装饰业主提供优质的服务和树立良好的行业形象,北京市建筑装饰协会(以下简称市装协)会员单位应该执行行业的持证上岗的统一规定,实现全员持证上岗。具体内容如下:

1. 装饰企业,应该实现全部设计从业人员的岗位培训、考核,持证上岗。

2. 持有各大专院校岗位技能证书的装饰设计人员应到市装协登记备案。

3. 持有国家劳动部门核发的从业资格证书的也应登记注册。

4. 持有北京市建委培训中心或市装协培训中心从业资格证书的家装从业人员也应到市装协家装委员会登记备案。

5. 各会员企业不得与无从业资格的工长签署劳务合同或工程承发包合同;未取得家装设计等级证书的人员不得从事家庭装修的设计工作;企业招聘无从业资格的人员,只可作为设计助理或业务人员,待培训、考试合格取得了从业资格证书后方可从事家庭装饰的设计工作。

6. 设计人员的从业资格证书实行每年度的年审工作,对于有违规操作或被投诉的设计人员经核实将被予以警告,接受再培训或清除行业从业资格。

7. 设计人员如有违规操作,私揽设计业务,私自转包工程的行为,也将受到协会的通报、清除处理。

8. 装修工长必须持有相关的行业从业资格证书方可从事家居装饰工作。

9. 在家居装饰装修岗位从业的、持有国家或市建委合法的建造师资格证书的从业人员必须到市装协家装委员会登记备案。

10. 持有市装协培训中心核发的家装工长证的从业人员应每年通过年审。

11. 如各单位所属工长还未取得相关的执业资格证书，须经过市装协培训获取从业资格后方可上岗。

统一集成家居及材料代购的管理

由于行业发展的需要，更多的消费者会选择省心省事的集成家居或由业内人士代理代购材料的方式进行家居装饰装修。为了提高行业的整体素质和形象，现制定行业统一规范，望会员企业和从业企业遵照执行。具体内容如下：

1. 会员单位的合作集成配套企业所选购的装饰装修材料、家具、饰品、电器及相关配套产品，必须是在北京市建设委员会登记备案的企业产品或经北京市技术监督局检验合格的产品。各企业不得选购未经备案登记的企业产品。

2. 配套集成企业必须同时遵守行业的诚信经营规则和北京市建筑装饰协会规定的售后服务统一规定。

3. 集成家居的组织人须对所推荐的材料及家居用品提供担保，对材料的性能和环保性、品牌的真实性提供担保，对售后服务提供监督或担保。如出现纠纷问题，担保人作为第一责任人承担全部责任。

4. 材料代购人须从代理产品的产品规格、型号、颜色、生产地、采购地、环保及质量检验报告、质量等级、价格等多方面把关。如产品出现假冒伪劣的现象，代购人承担全部责任。

5. 集成家居的组织人应对所负责的家居进行最终结果的质量和环保认定，并出具相关报告书存档备案。

6. 集成家居或代理代购产品，应在客户完全自愿的前提下进行，不得有诱导、胁迫或在合同文字上预留陷阱等不正当现象，实现诚信经营的基本准则。

统一诚信经营和满意原则

诚信经营是企业发展之本,客户满意是企业生存之根。在还存在欺诈行为的行业里,要想有自己企业的立足之地,诚信是第一。在此,市装协号召会员单位作好企业自身的诚信经营,力争让每一位客户满意。具体内容如下:

1. 遵守《合同法》、《建筑法》、《消费者权益保护法》的内容,实现守法经营。
2. 公平交易,诚信为本,树立行业典范。
3. 设计图纸齐全,施工现场规范。
4. 注重质量和绿色环保,不使用未经检测的产品。
5. 微笑服务,百问不厌,做好装修知识的解答和普及工作。
6. 如有纠纷或投诉出现,尽早解决,让消费者满意。
7. 勤练内功,提高从业人员的整体素质。

统一全国连锁经营的管理

全国家居行业的发展形成了品牌效应，加盟连锁企业逐步增多，但是随之而来的问题，给消费者带来的消费风险也在逐步增加。为了规范加盟连锁企业，降低消费者的风险，特制订全国家庭装修行业连锁经营管理办法，望会员企业遵照执行。具体内容如下：

1. 连锁机构作为企业的下属派出机构，企业应对其加强监督和日常管理。

2. 派出机构的管理人员应到市装协家装委员会登记备案，经核查属于没有犯罪前科的合法公民方可任职。

3. 应定期对各阶层的管理队伍进行经营管理培训，以提高行业的整体素质。

4. 公司总部应对派出机构的业务情况、经营情况、财务情况、分布的发展策划等方面进行掌控，树立全国同意调配经营的思路。

5. 派出机构建立展览厅或体验馆的，总部应对其材料构成、价格、品质实行物流管理，以保证消费者的合法权益。

6. 派出机构人员变动时应到市装协家装委员会变更手续，以便由协会帮助企业核查人员的合法性。

7. 如北京总部的家装公司在外省市的派出机构发生纠纷、投诉时，总部应积极配合地方建筑装饰协会或消费者协会维护消费者的权益，外敷机构不能实现的，总部应承担全部责任并负责赔偿。

家 装 必 读

——家庭居室装饰装修前期准备和施工步骤

统一家庭居室装饰装修管理规范,有利于落实《住宅装饰装修工程施工规范》(GB 50327—2001)和《民用建筑工程室内环境污染控制规范》(GB 50325—2001),做出符合《北京市家庭居室装饰工程质量验收标准》(DBJ/T 01—43—2003),达到按国家标准要求的绿色环保的工程。使业主在家居装饰装修消费过程中得到安全、环保、质量耐用的居室装饰工程。

统一家庭居室装饰装修管理,对规范当前装饰行业参差不齐的局面、减少能源材料的浪费、降低业主对家装的投诉是一个有效的手段;对工程交工的售后服务是一种制约机制;对整个社会安定也是一种积极促进。

一、家庭居室装饰前业主的前期准备

家庭居室装饰不只是家庭的个体,它是一个集社会、民主、安全、质量、环保等多方面的综合工程。装饰不好,则民众不安全,社会不和谐。因此家庭居室装饰,要同构建和谐社会合拍。任何家庭居室装饰装修工程都要打有准备之仗。在家装开工前业主应了解、咨询,准备好以下事项:

1. 对毛坯房或旧房进行检查或验收

装修前要对毛坯房或旧房的工程质量进行全面检查。针对户门、墙、窗、地、气、水、强弱电、通风等方面存在的问题和隐患进行检查、验收,并做好记录。需要物业维修解决的,同物业明确维修责任和界限。

2. 确定初步的装饰意见

装修前,家庭成员应在一起,针对房屋的结构、开间面积、朝向,根据自身经济条件,对功能要求、装饰基本内容和主材选用等方面进行议论,达成共识,形成一个初步装饰意见。

3. 进行市场调查,了解装饰行情

居室装饰有了想法,明确资金投入的额度,装修内容有了初步意见,那么家装业主有必要抽出一定时间到较大的建材市场和装饰企业去调查,了解一下装饰行情。尤其是对涉及有关环保安全的主材,如:地板、石材、木门、墙、地砖、壁纸、地毯、涂料、人造板、玻璃、电线、防水材料等。注意收集和保存相关的检测报告,做到主材质量心中有数,防止在同建材、装饰市场接触时,一无所知,落入陷阱。装修材料的管理是提高装饰质量的前提,因此主材、辅料都要严格把关。

4. 与物业沟通,为开工作好准备

开工前,业主一定要同物业联系沟通。对拆改、增建项目,经同物业商榷同意后,签好协议,办好手续才能开工。

5. 慎重选好施工队伍

选好施工队伍对整个工程的质量至关重要。装饰公司要选择知名度高,信誉好,正规的,有资质的,甚至对固定办公地点也要有所了解。选择施工队伍时可以先跟他们座谈交流,了解基本情况,如果有条件,可以看看他们施工的工地或工程,看看他们管理状况,上网查一查投诉多不多,算一算装饰总造价,通过"货比三家"看哪家更适合自己。通过交谈、实际查看来选择合适的装饰公司。如果对施工质量和施工进度放不放心,要比较后再决定是否签约。只有选择管理严格的施工队伍,工程质量才有保证。

6. 收集信息,掌握市场行情

目前装饰市场信息量很大,如果有条件要充分利用网络信息。选材料时要掌握市场价格，打折不能突破成本底线，太便宜就没好货了。掌握材料真伪识别，了解验收标准，防止以次充好。特别是环境质量要控制，保证工程环保达标。把握住材料消费、资金管理，就等于控制住了整个工程的50%～70%的装饰费用。

7. 做好装饰设计

家装设计是不能少的。精品工程源于精品设计，盲目施工，不会有好工程。目前市场设计水平参差不齐，业主在没有正式签约前，主要是确定适合自己的设计方案。严格按照图纸施工，同时进一步了解工艺做法，让各分项工程验收都达到质量验收标准。

二、家庭居室装饰基本步骤

家庭居室装饰装修必须按国家和地方标准进行施工和验收。为了贯彻这些标准，施工方和业主方都要按合约办事。杜绝野蛮施工，维护业主的正常权利。

1. 签订好施工合同

当业主一旦选定好施工企业后，在自愿、公平、公正、诚实守信的原则下，同装饰公司签订好施工合同，合同应采用《北京市家庭居室装饰装修工程施工合同》（2008版）文本，确定好施工承包方式，选定好开工日期。

2. 安排好施工进度

工程开工前，设计、施工方应为业主确定好工艺做法，安排施工进度，减少重复作业。商议好主材、辅材供货方式，计算好材料的数量、规格和进场日期。

3. 作好技术交底

合同签定了，开工日期也确定了，开工前必须进行技术交底。组织由施工方（设计）、物业代表、监理方、业主参加的技术交底会。由施工方（设计）向施工负责人、工人进行设计交底，交代整个工程做法、工艺要求、按图施工等；如工程有监理单位，应由监理提出对整个工程三控二管一协调内容，并对施工工人的身份证、上岗证进行检查。保证整个工程在合法、有序、可控、安全的情况下有序施工。

4. 材料进场要验收

整个工程所用材料，不论哪方提供，进场后都要进行验收，各种票证要保管好。

5. 拆改增建项目

装饰方案中如有拆改、增建等项目，要先期进行。改造中使用板材、骨架、玻璃隔断、饰面板安装、饰面砖粘贴等分项工程，完工后都要有专业人员验收，防止留下工程隐患。如果有需外加工的部件，相关尺寸要测量准确。

6. 对原有防水工程的检查

在水电施工前，必须在有物业、业主、施工方参加的情况下，对原有防水重新做一次蓄水试验，分清责任。检查合格后，进行下一道工序。水电改造应由专业人员来施工，做好隐蔽工程记录。完工后由专业人员验收。

7. 加强对防水和水电工程的检查

新做防水应按规定进行蓄水试验、冷热水管排管要合理。检查电器开关是否安全可靠，强弱电是否通畅，漏电保护是否起作用。电路配管，配线施工及电器灯具安装要符合国家规范。施工单位应向业主提交水电改造线路图等相关资料。

8. 基层的准备和处理

墙面顶棚原有基层如不牢固应铲掉，地面需找平、修整，贴砖墙面需拉毛，墙面裂纹需贴布挂网。

9. 现场木作要抓安全防火

木工制作、安装，可与涂料穿插进行。如场内易燃物品较多一定要抓好安全防火工作，建立严格的明火管理规定。装饰线、过门石、窗台大理石的加工订货不要忘记。

10. 贴砖工程的准备

墙地砖进场后要检查验收,是否符合设计要求。墙面墙砖和地面地砖要事先进行排砖,把破活放在不明显处。卫生间地面要做泛水,地面不能产生有积水现象。

11. 对外加工成品应到位

外定做的成品,如门、橱柜、浴室柜等应按进度要求进场安装。过门石、窗台板应安装到位。注意工种之间的协调,工序之间的衔接。

12. 地板铺设把住质量关

业主根据使用要求,选择地板种类。地板进场并检验合格后,可由地板厂家安装,安装时一定要顺光铺设并由专业人士验收。

13. 灯具洁具五金件的保护

灯具洁具以及五金件安装验收合格后,应采取适当的成品保护措施。

14. 竣工验收加环保检测

工程完工后要对整个工程进行验收,提交竣工资料,填写竣工验收单,并按要求进行室内空气质量检测。

15. 选择佳期搬入新居

新装修的居室不宜立即搬入,至少打开门窗通风1~2周后再入住。

北京市建筑装饰协会家装委员会
秘书处联系电话：

1. 秘书长办公室　　　（010）　63379713
2. 咨询投诉办公室　　（010）　63379795
3. 会员管理办公室　　（010）　63372276
4. 展览办公室　　　　（010）　63379769
5. 评选办公室　　　　（010）　63379612
6. 工程质量检测室　　（010）　63379795
7. 空气质量检测室　　（010）　63379795
8. 培训中心　　　　　（010）　63372430
　　　　　　　　　　　　　　　63379272

地　址：北京市丰台区太平桥路华源三里（首科花园）10号楼二层

邮　编：100073

传　真：63379769

网　址：www.bcda.org.cn